RECHERCHES

MINÉRALLURGIQUES,

PAR D. BAUDIN,

INGÉNIEUR AU CORPS ROYAL DES MINES,

1836.

LABORATOIRE DE CHIMIE DE CLERMONT-FERRAND.

EXPOSÉ

DES

TRAVAUX MINÉRALLURGIQUES

DE L'ANNÉE 1835—36,

LU A LA SOCIÉTÉ DES SCIENCES, BELLES-LETTRES ET ARTS DE CLERMONT,
SÉANCE DU 2 JUIN 1836,

PAR L'INGÉNIEUR ORDINAIRE DES MINES,

Chargé des départemens du Puy-de-Dôme, de la Haute-Loire et de l'Allier

Clermont-Ferrand,

THIBAUD-LANDRIOT, IMPRIMEUR-LIBRAIRE,
Rue St-Genès, n° 8.

RECHERCHES
MINÉRALLURGIQUES.

Messieurs,

Un laboratoire de chimie, créé sous le triple patronage de la ville, du département et de l'administration des mines, à laquelle appartient le mérite de l'initiative, est venu récemment grossir le nombre des utiles institutions dont s'honore Clermont.

Ce laboratoire, uniquement destiné dans l'origine à l'étude docimastique des produits de l'arrondissement minéralogique, tant produits naturels que produits d'art, fut, dès mon arrivée en Auvergne, l'objet de mes vives sollicitations près de l'administration centrale.

La richesse souterraine du pays, le peu de parti qu'on en a tiré jusqu'à ce jour, faisaient à l'ingénieur des mines, pour y remplir son mandat de conseiller de l'industrie minérale, une nécessité d'appeler à son secours l'analyse chimique, cette fidèle conseillère du minérallurgiste, sans laquelle l'art ne serait le plus souvent qu'une routine, et le progrès qu'un hasard. Aussi des démarches furent faites dès 1833 par M. le directeur-général des ponts et chaussées et des mines près de la ville de Clermont, pour en obtenir un local, et près du département, pour qu'il prît à sa charge le modeste traitement du garçon manipulateur attaché au laboratoire, se réservant l'administration des mines, de fournir le combustible les réactifs et instruments chimiques.

Ces démarches eurent un entier succès, et le nouvel établissement fut résolu.

Au printemps 1834, les grosses constructions nécessaires pour transformer en amphithéâtre et laboratoire de chimie, le local précédemment occupé par les Frères des Ecoles chrétiennes, dans les bâtiments de la Charité, étaient achevées; et vers la fin de la même année, l'aménagement à peu près complet du laboratoire me permit de procéder à l'étude docimastique de nombreux matériaux déjà accumulés, me permit en outre de satisfaire, par l'ouverture du cours public de chimie, le 19 décembre 1834, au vœu qu'avaient émis la ville et le département, en accédant aux propositions de l'administration des mines.

Ce cours de chimie a absorbé, ces deux derniers hivers, forte partie du temps que j'eusse pu, que j'eusse préféré peut-être consacrer à des travaux docimastiques; néanmoins j'ai pu me livrer à quelques recherches, et c'est de leurs résultats que je vais avoir l'honneur, Messieurs, de vous soumettre un exposé sommaire, exposé que je me propose de renouveler chaque année, et pour lequel l'intérêt que porte l'Académie à tout travail local me garantit, à défaut d'autre titre, sa bienveillante indulgence.

Parmi les cinquante et quelques essais ou analyses, déjà consignés sur le registre des procès verbaux du laboratoire, il en est grand nombre dont les résultats n'ont de prix que pour les intéressés. Je les passerai sous silence, réservant tout développement pour les recherches auxquelles se rattache un intérêt plus général.

Je parlerai des substances métallifères d'abord, puis de celles non métallifères.

Dans l'état actuel de nos connaissances sur le sol de l'Auvergne, les seuls métaux qui y constituent pour le métallurgiste des gisements exploitables, sont :

Le plomb, l'argent, l'antimoine, l'arsenic et le fer ; les quatre premiers à l'état de sulfures, soit simples, soit multiples, et le cinquième, le fer, à l'état à la fois de sulfure, de carbonate et d'oxide.

Il n'est aucune de ces espèces minérales qui n'ait été l'objet de quelque essai de laboratoire.

Plomb. Parmi les galènes argentifères essayées pour plomb et argent (et c'est le minéral qui afflue le plus abondamment au laboratoire), je n'en mentionnerai que quatre provenant de filons nouvellement explorés dans les localités de Pontaumur, Sarlande près Jumeaux, Auzelle près Mozun, et Courgoul. Ces galènes sont riches en argent, les deux dernières surtout, car elles ont donné au schlich pur

	onces.	gros.	grains.
Galène d'Auzelle.	4	6	30
Galène de Courgoul . . .	6	4	34

Ce qui suppose environ 6 onces et 8 onces au quintal de plomb ; c'est beaucoup plus que ne tient la galène de Pontgibaud, exploitée avec avantage à la teneur de 4 onces d'argent au quintal de plomb ; et si, à Auzelle et Courgoul, la puissance du filon répondait à la richesse de la galène en argent, nul doute que l'exploitation n'en fût des plus fructueuses, surtout dans les circonstances commerciales actuelles, mais malheureusement, et on s'en demande vainement la raison, il semble que la puissance de ces filons est en raison inverse de leur teneur argentifère.

Antimoine.

Après la galène, le minéral le plus abondant en Auvergne est le sulfure d'antimoine. Il y est exploité pour antimoine et produits antimoniaux, et trois nouvelles demandes en concession, présentement pendantes pour le seul arrondissement de Brioude, témoignent du dévoloppement que tend à prendre cette branche de notre industrie minérale.

Plusieurs produits provenant du traitement métallurgique de l'antimoine sulfuré ont été étudiés au laboratoire, et deux méritent d'être mentionnés.

Le premier de ces produits est d'un assez grand intérêt sous le rapport cristallographique; car il offre l'exemple d'un nouveau cas de dimorphisme à ajouter à ceux que la science a déjà enregistrés.

L'échantillon qui établit ce fait nouveau, et que je dois à la complaisance de M. Engelvin, exploitant des mines d'antimoine d'Anglebas, est un fragment de l'un des pots, dits à boulet, dans lequel est reçu le sulfure d'antimoine séparé de sa gangue quartzeuse par une espèce de liquation.

Ce fragment présente sur un fond jaune, dû à un mince dépôt de soufre sublimé, de très-jolis cristaux blancs, jetant un vif éclat nacré et ayant pour forme l'octaèdre régulier.

La parfaite symétrie des troncatures que l'on peut observer sur les angles de plusieurs des faces triangulaires équilatérales, la netteté des stries qui semblent indiquer deux ordres de clivages, l'un menant au cube, l'autre au dodécaèdre, ne me permettent pas de mettre en doute la cristallisation de la substance, suivant le système régulier.

D'un autre côté, ces cristaux se volatilisant avec une extrême facilité au tube fermé, se dissolvant dans l'acide muriatique, et étant précipités de cette solution en blanc par l'eau, en jaune par les hydrosulfates, tous caractères qui appartiennent au protoxide d'antimoine (éxitèle de M. Beudant); on ne peut méconnaître cet oxide dans l'échantillon d'Anglebas, bien qu'on ne l'ait encore observé, soit dans la nature, soit dans les laboratoires qu'avec une forme (prisme rhomboïdal droit de 137° 45) éminemment incompatible avec celle que nous lui trouvons.

La formation du protoxide d'antimoine,

dans les pots de fusion, est d'ailleurs parfaitement en harmonie avec les circonstances dans lesquelles se trouve le sulfure d'antimoine pendant la fonte. On sait que dans la liquation des minerais d'antimoine, il y a perte par volatilisation d'une certaine quantité d'antimoine et d'une quantité plus que correspondante de soufre ; en présence du courant d'air qui règne dans le four, l'un et l'autre de ces corps sont oxidés; le soufre se dégage à l'état d'acide sulfureux, et l'antimoine à l'état d'acide antimonieux, dont une petite portion se dépose même sur les parois des cheminées; mais dans les pots où l'air ne peut avoir qu'un très-difficile accès, il est tout naturel que, vu l'insuffisance d'oxigène, le soufre se dépose, en partie du moins, sans brûler, sur les parois du vase, et que l'antimoine passe à un degré d'oxidation moindre que dans le four, à l'état seulement de protoxide d'antimoine. La production du protoxide d'antimoine dans le cas qui nous occupe est donc un fait très-simple en lui-même, mais que rend intéressant le nouvel exemple de dimorphisme qui s'y rattache.

Vous le savez, Messieurs, l'idée fondamentale sur laquelle le célèbre Haüy avait assis la cristallographie, était que les formes polyédriques des corps inorganiques cristallisés résultaient, par simple juxtaposition, de la forme polyédrique semblable des molécules de ces corps, forme une pour chaque corps. Cette ingénieuse théorie, maintenant débordée par la science à laquelle elle a fait faire un si grand pas, a dû crouler devant de nombreuses considérations, et notamment devant les divers cas de dimorphisme constatés par la chimie, tels ceux de la chaux carbonatée, du fer sulfuré, du soufre, et autres dont l'exemple présent vient encore grossir le nombre.

Dans les nouvelles idées cristallographiques, on admet que la forme des cristaux résulte seulement du mode de groupement des molécules élémentaires, toutes supposées sphériques; et partant, le dimorphisme, qui néanmoins reste toujours une anomalie, un cas exceptionnel, ne présente plus rien d'inexplicable; car il suffit d'admettre que des causes extérieures (telles par exemple que la nature du milieu dans lequel s'effectue la cristallisation) peuvent changer le mode suivant lequel se groupent les molécules.

Le second produit antimonial dont je ferai mention, provient de la fabrique de régule (antimoine métallique) de Clermont. C'est un dépôt des fumées du fourneau à régule; ce dépôt qui se forme dans les angles de la cheminée, notamment à la jonction des rampants avec le corps de cheminée, a, jusqu'à ce jour, été rejeté à chaque ramonage, comme matière de nulle valeur; ce procédé barbare dont je témoignai, à la seule inspection de la substance, mon grand étonnement au propriétaire de l'usine, ne se renouvellera plus; car il résulte des essais auxquels j'ai soumis ce produit, que c'est de l'acide antimonieux sensiblement pur; j'en ai obtenu par réduction au creuset brasqué, sans aucune addition, 60 o/o d'antimoine; c'est plus que ne m'eût donné le minerai grillé le plus pur dont le mode de traitement lui est applicable en tout point. Indépendamment du parti que désormais le fabricant retirera de ce dépôt si riche, il doit voir, dans sa production, un utile enseignement sur la nécessité de faire suivre de petites chambres de condensation ses fourneaux, tant de grillage que de réduction, à l'effet de diminuer les pertes considérables qui ont lieu par volatilisation et entraînement.

Le sulfure de plomb et le sulfure d'antimoine ne se trouvent point seulement en Plomb et antimoine

Auvergne, formant séparément des filons distincts de nature et d'allure, mais ils s'y trouvent encore constituant, à l'état de combinaison, à l'état de sulfure double, une espèce minérale particulière encore non analysée, et probablement distincte de celles décrites jusqu'à ce jour sous les noms de jamesonite, zinckenite, et autres.

Ce sulfure double, qui est argentifère (je le désignerai provisoirement sous le nom de galène antimoniale argentifère), paraît jouer un rôle assez important dans l'histoire de nos filons.

C'est cette espèce minérale qui doit constituer le filon de *plomb antimonié* anciennement exploité, vers l'année 1725, au lieu dit le Cros, près Vollore.

Sur un point tout opposé du département, près Tortebesse, canton d'Herment, le même minéral a été, il y a quelques années, mis à nu par les recherches de M. Sablon. Il forme en cette localité de nombreux filons qui marchent en compagnie d'importants filons de fer carbonaté dont je parlerai plus bas.

Postérieurement, en 1833, dans une excursion minéralogique faite dans le Cantal avec M. P. Mignot, j'ai retrouvé, sous les ruines du château de Tiniers, près Bort, ce même minéral formant avec le fer carbonaté, un filon dont les analogies de nature et d'allure avec les filons de Tortebesse sont des plus remarquables.

Enfin, bien plus récemment, en 1835, un petit filon de galène antimoniale argentifère a été découvert dans des recherches faites pour antimoine au lieu de Chazelle-le-Haut, commune de Saint-Just, près Brioude.

J'ai essayé pour argent des échantillons de ces trois localités; leur teneur présente des différences très-notables. Ainsi, tandis que la galène antimoniale de Tortebesse, qui est la plus riche, tient 5 onces 24 grains au quintal, celle de Chazelles ne m'a donné que 3 onces 2 gros 17 grains.

Cette teneur est assez forte; néanmoins, en raison du peu de puissance et de l'allure irrégulière des filons que forme la galène antimoniale dans ces diverses localités, elle ne saurait être l'objet d'une exploitation spéciale; mais comme elle accompagne à Tortebesse un très-beau gîte de fer carbonaté, dès à présent exploité pour le haut fourneau du Chavanon, et à Chazelle, un riche filon d'antimoine sulfuré, aussi présentement exploité pour antimoine sulfuré, on pourra en tirer un parti avantageux en faisant marcher de front, dans chacune de ces deux localités, l'exploitation des deux substances minérales.

Quelques particularités historiques assez intéressantes se rattachent d'ailleurs à la découverte d'un minerai d'argent à Chazelle.

Les filons de Chazelle-Haut, présentement repris et demandés en concession par MM. Engelvin et Drelon, ont été exploités à une époque très-reculée, et sur une grande échelle, à en juger par l'importance des travaux d'art, puits et galeries, dont les traces subsistent encore.

On lit à ce sujet dans la Coutume d'Auvergne, à l'article Saint-Just, près Brioude, ce qui suit :

En 1277 on découvrit une mine d'argent et d'antimoine ou mercure, au lieu de Chazelle, paroisse de Saint-Just, ce qui donna lieu à une contestation entre le prévôt et le chapitre de Brioude, pour savoir à qui elle devait appartenir.

Cette notice, vous le voyez, laisse fort à désirer, quant à la nature du minéral exploité. La chimie était loin d'être aussi familière au savant légiste auvergnat que l'histoire de son pays. Toutefois, la bizarre confusion par lui faite ou du moins répétée d'une mine de mercure, avec une mine d'argent et d'antimoine, ne saurait guère infirmer ce qu'il rapporte de la nature argentifère du minéral exploité; d'accord en cela avec la tradition locale, qui n'assigne aux anciens et considérables travaux de Chazelle d'autre but que l'exploitation de mines d'argent. Et cependant, fait remarquable, le seul minéral dont on ait trouvé des échantillons, vers l'orifice des anciens puits, parmi les énormes déblais en provenant, sont des échantillons d'antimoine sulfuré; mais ces échantillons, que chaque année et de temps immémorial la charrue met à nu dans les champs contigus aux anciens puits d'extraction, sont si nombreux, si volumineux (il en est qui ont pesé au delà d'un quintal), que cette circonstance ouvrait une nouvelle source de conjectures, donnant à penser que peut-être les anciens rejetaient, parmi leurs déblais, l'antimoine sulfuré comme matière sans valeur. Quoi qu'il en fût de ces conjectures, la présence parmi les déblais de ces blocs si nombreux et si volumineux d'antimoine sulfuré, établissant d'une manière irréfragable l'existence d'un puissant gisement d'antimoine, MM. Engelvin et Drelon se déterminèrent, sur cette donnée, à faire des fouilles et à relever une longue galerie d'écoulement qui devait desservir la partiesupérieure des anciens travaux. Ce travail, qui est loin d'être achevé, et qui sera des plus intéressants sous le double rapport historique et industriel, semble donner raison à la tradition; car il a mis à nu à la fois un mince filon de minerai argentifère (galène antimoniale argentifère tenant 3 onces 2 grains 17 gros), et un filon bien réglé d'antimoine sulfure, lequel a présenté, sur un point, un trèsriche renflement.

Mais contrairement à ce qu'ont fait lesanciens, on a laissé le filon d'argent pour exploiter celui d'antimoine, et en effet les circonstances sont aujourd'hui bien différentes.

De nos jours, l'antimoine sulfuré qui vaut de 70 à 80 francs le quintal métrique, trouve des débouchés importants par suite de l'emploi du métal dans l'alliage des caractères d'imprimerie.

Mais au treizième siècle, on ne voit guère quelle valeur pouvait avoir ce minéral presque sans destination possible. Ni l'imprimerie ni même l'antimoine métallique n'étaient encore connus, et l'emploi des produits antimoniaux comme remède (débouché d'ailleurs extrêmement restreint) n'avait point encore atteint la vogue qu'il dut plus tard aux travaux du moine Basile Valentin, vers le commencement du quinzième siècle.

L'antimoine sulfuré ne pouvait donc alors avoir qu'une très-faible valeur, tandis que l'argent, au contraire, en avait une bien plus considérable que de nos jours.

Le quatorzième siècle fut l'époque de la plus grande valeur des métaux précieux. On peut voir, dans des travaux spéciaux, que la valeur de l'argent (comparée à celle du blé) s'est constamment accrue depuis les temps historiques jusqu'à cette époque, à dater de laquelle elle n'a cessé de décroître par l'effet de la découverte de l'Amérique et des progrès de l'art du mineur.

Aux treizième et quatorzième siècles, l'hectolitre de blé s'échangeait contre 220 grains d'argent; de nos jours il en vaut 1610, au prix moyen de 19 fr.; c'est dire que la valeur de l'argent, à l'époque où les mines de Chazelle ont été exploitées, devait être presque octuple de ce qu'elle est aujourd'hui.

Ces circonstances si différentes expliquent la possibilité, au treizième siècle, d'exploitations pour argent à Chazelle, exploitations desquelles l'antimoine sulfuré aurait été rejeté comme déblai; tandis que de nos jours cette même exploitation de l'argent, à moins d'importantes découvertes ultérieures, me paraît ne pouvoir qu'être subordonnée à celle de l'antimoine, et n'être possible qu'autant que les mêmes travaux permettront d'exploiter simultanément l'une et l'autre espèce minérale.

Soufre. La pyrite en filons peut être exploitée pour soufre et pour or ; car presque toujours elle tient une certaine quantité de ce métal précieux.

Mais pour qu'il y ait avantage à en extraire le soufre, vu le bas prix de cette substance, il faut que la pyrite se trouve en masses considérables et exploitables à très-peu de frais. Tel n'est pas le cas de nos filons peu puissants, et où la pyrite est généralement disséminée dans une gangue pierreuse fort abondante.

Or. Pour que l'exploitation de l'or des pyrites soit productive, il faut que leur teneur s'élève à au moins 1/100000ème.

J'ai visité dans le Piémont, sur le revers méridional des Alpes, de petites usines d'amalgamation, s'alimentant de minerais dont la teneur n'excédait pas ce faible chiffre ; mais ce ne sont point mines à réaliser de rapides fortunes, la misère de leurs exploitants en fait foi, et c'est là certainement la limite de l'exploitation possible.

Eh bien, cette teneur est encore supérieure à celle des pyrites d'Auvergne; du moins j'ai essayé pour or des pyrites des environs de Pontgibaud, et qui m'avaient été adressées par M. le comte de Pontgibaud pour en connaître la richesse.

L'exact procédé d'essai par fusion avec proportions convenables de nitre et litharge, coupellation et départ, ne m'a pas même donné 1/1000000, un millionième d'or.

C'est dire qu'il ne faut point songer à exploiter ces pyrites pour or. Néanmoins, comme dans le traitement du plomb à Pontgibaud, on emploie pour fondant des pyrites grillées, il pourrait se faire qu'il y eût encore profit à faire subir à ces pyrites un lavage préalable, de manière à concentrer dans quelques quintaux seulement de pyrites grillées tout l'or des pyrites consommées pendant le cours d'une année, par exemple; ces quelques quintaux aurifères étant employés à part, et les plombs en provenant coupellés aussi à part, le gâteau d'argent recueilli se trouverait assez riche en or pour subir l'opération du départ, de la séparation de l'or, départ qui payerait peut-être largement les frais de lavage, seul surcroît de manipulation apporté au traitement ordinaire. L'expérience peut d'ailleurs seule faire connaître, sous le rapport économique, la bonté de l'opération que je ne propose qu'avec réserve.

Antimoine. Le sulfure de fer combiné au sulfure d'antimoine constitue une espèce minérale (la berthierite) qui a été étudiée et analysée pour la première fois par un de mes prédécesseurs, l'ingénieur des mines, M. Berthier, dont le nom lui est resté. Il n'a encore été trouvé de cette substance d'autre gisement en France que celui signalé par cet ingénieur, près du lieu de Chazelle (Haute-Loire), où elle semble un accident passager d'un filon d'antimoine sulfuré qui a été exploité pendant de longues années, et tout récemment fouillé de nouveau, mais sans succès, par MM. Engelvin et Drelon, avant qu'ils portassent leurs recherches sur les anciens travaux de Chazelle même. En décrivant ce minéral, M. Berthier fit en même temps connaître le mode de traitement auquel il devait être soumis, traitement tout à fait différent, vu sa composition, de celui du minerai ordinaire, l'antimoine sulfuré simple. La force d'inertie qui s'oppose à toute innovation a retardé jusqu'à ce jour la mise en pratique de ce procédé ; dans l'espoir de vaincre cette résistance, j'en ai, sous les yeux de MM. Engelvin et Drelon, fait l'application au traitement d'un échantillon de berthierite. Cent grammes de minerai brut simplement pulvérisé ont été fondus sans lavage préalable avec 30 limaille de fer, 10 sulfate de soude et 2 charbon ; la fonte a été rapide et a donné 37,5 de régule d'antimoine parfaitement pur. Un riche échantillon de minerai ordinaire (sulfure d'antimoine) brut ne rend pas davantage dans la pratique, vu les pertes multipliées qu'il éprouve dans les trois opérations de la liquation, du grillage et de la réduction par le charbon.

La facilité que l'on aurait de se procurer à Thiers, à vil prix, d'assez grandes quantités de limailles et rognures de fer, assurerait, sous le rapport économique, la réussite du traitement que je ne désespère pas de voir mettre en pratique.

L'arsenio-sulfure de fer ou mispickel dont la composition Arsenic.

est { 21 soufre
43 arsenic
36 fer } paraît

constituer en Auvergne de nombreux filons.

Il y a trois ans, on n'avait encore signalé dans le département qu'un seul gisement de mispickel en masse, celui du bois de Banson, canton de Rochefort, sur des échantillons duquel M. Fournet, alors directeur des mines de Pontgibaud, fit même quelques expériences. Depuis, j'ai reconnu comme appartenant à la même espèce minérale trois échantillons provenant des environs de Compains, Anzat-le-Luguet et Tortebesse, et qui m'ont été successivement adressés, pour en déterminer la nature et la valeur, par MM. comte de Laizer, Drelon et baron Forget.

Frappé des avantages que pouvait présenter l'exploitation de ces gisements pour arsenic, et subsidiairement pour argent et pour or, je m'efforçai, dès 1834 d'appeler l'attention publique sur cette branche nouvelle de notre industrie minérale, par la publication, soit dans mon cours, soit dans mes rapports avec MM. les exploitants, des documents suivants.

La France tire de l'étranger (Angleterre et Allemagne) tous ses produits arsénicaux, arsenic métallique, acide arsénieux et sulfures d'arsenic, ou en termes de commerce, arsenic noir, arsenic blanc, arsenic jaune et arsenic rouge. Le chiffre annuel de l'importation s'élève à environ 100,000 fr., dans lesquels figure pour 70 à 80,000 fr. l'arsenic blanc ou l'acide arsénieux, qui est le produit marchand le plus important, est aussi le plus directement réalisable. Un simple grillage du mispickel, qui en dégage l'acide arsénieux à l'état pulvérulent, et puis une sublimation de ce produit pulvérulent, pour le purifier et l'agglomérer, constituent tout le traitement à faire subir au minerai.

En Angleterre, le traitement du mispickel pour arsenic se lie à celui des minerais d'étain auquel il est mélangé, et nous ne pouvons guère y prendre un terme de comparaison ; mais en Allemagne, nous le trouvons constituant à lui seul des filons exploités uniquement et avantageusement pour produits arsénicaux.

Le droit de douane que paye l'arsenic blanc, à son entrée en France, s'élève à environ 22 pour 0/0 de sa valeur. Une exploitation de mispickel, qui se trouverait en Auvergne, dans des conditions de production aussi avantageuses que celles d'Allemagne, serait donc, par rapport à ces dernières, favorisée par une prime annuelle d'environ 15 à 20,000, pour une production annuelle de 1,000 quintaux métriques d'acide arsénieux valant de 70,000 à 80,000.

Or, un gisement, celui d'Anzat-le-Luguet, a été découvert, et par mes conseils exploré, qui réunit toutes les conditions de puissance et de position désirables, présentant un filon massif de près de deux pieds de large, exploitable par galeries, situé d'ailleurs à portée d'un cours d'eau, sur la lisière d'un bois du gouvernement dont les coupes restent invendues, et à proximité de tourbières et de lignites sans débouchés.

Ce gisement de mispickel a été demandé en concession, et tout me fait espérer qu'avant peu il sera l'objet d'une fructueuse exploitation pour arsenic; et subsidiairement même le résidu du grillage pour arsenic, dont la teneur en argent sera d'environ deux onces au quintal, (la teneur du mispickel lui-même étant, d'après mes essais, de 7 gros 3 grains), pourra peut-être être traité avantageusement pour argent, opération dont les bénéfices viendraient s'ajouter encore à ceux de l'exploitation pour arsenic.

Fer. On ignorait encore, il y a quelques années, que l'Auvergne renfermât aucun gisement de fer spathique. Les actives recherches de M. Sablon ont pour la première fois, en 1827, mis à nu des filons de ce précieux minerai, qui paraissent avoir été très-anciennement exploités près du lieu de Taillefer, commune de Tortebesse, canton d'Herment. Des travaux postérieurs exécutés par M. Sablon, et présentement continués par M. de Forget, ont fait connaître toute l'importance de ce gisement, qui assure l'avenir industriel de cette partie du département.

Les filons de fer spathique de Tortebesse ne le cèdent en rien aux beaux filons de la Savoie et du Dauphiné.

L'analyse complète d'un échantillon de ce gisement m'a donné les résultats suivants :

Carb. de fer.	0,610
Carb. de manganèse	0,052
Carb. de chaux.	0,060
Carb. de magnésie.	0,256
Gangue	0,022
	1,000

Rendement du minérai grillé au haut fourneau, 46 pour 0/0 de fonte.

Cette composition présente, par la forte proportion de magnésie, les plus grands rapports avec celle des fers spathiques des environs de Vizille (Isère), et permet de prédire que la fusion du minerai de Tortebesse donnera des fontes grises de première qualité, tant pour le moulage que pour la conversion en fer.

Dès ce moment, les filons de Tortebesse, pour lesquels est pendante une double demande en concession, sont exploités pour fournir à l'approvisionnement du haut fourneau du Chavanon (Corrèze), et tout donne à penser qu'avant quelques années de nouvelles usines à fer viendront s'alimenter à la même source.

Ce qui me semble ajouter encore à l'importance de ces filons, c'est que sur leur prolongement sud, se trouvent à Tiniers, près Bort (Cantal), des filons moins riches, il est vrai, mais que j'ai reconnu présenter avec ceux de Tortebesse une parfaite identité de nature et d'allure, courant comme eux du nord au sud, enfermant comme eux des nids et petits filons de galène argentifère, circonstances qui entraînent cette présomption que ces filons règnent et s'étendent d'une manière plus ou moins continue sur toute cette longueur de Tortebesse à Tiniers. Dans ces deux localités, d'anciens travaux dont les traces subsistent encore, des amas de scories de fer que l'on retrouve dans leur voisinage, témoignent de l'ancienne exploitation de ces filons, et la position à Tiniers de l'amas de scories sur un mamelon élevé, atteste que ces exploitations remontent à une haute antiquité, à cette époque reculée où le travail du fer se faisait uniquement à bras. A cette époque, les forges dans lesquelles on obtenait directement le fer du minerai sans passer comme nous par l'intermédiaire de la fonte, et probablement les usines métallurgiques en général, s'établissaient partout où [illegible]vaient réunis le minerai et le bois, et d'ordinaire sur les mines elles-mêmes. Aussi les nombreux amas de scories anciennes que l'on retrouve dans la contrée montueuse des arrondissements de Riom, Clermont et Issoire, notamment à ma connaissance, près de Pontgibaud, Rochefort, Tortebesse, Tiniers, et que l'on découvrirait encore infailliblement sur nombre d'autres points, si l'attention publique était éveillée à ce sujet, doivent-ils être considérés comme de précieux documents pour arriver à la connaissance des gisements exploités par les anciens; gisements dont la découverte est de nature, nous en voyons un premier exemple à Tortebesse, à faire revivre dans ces cantons l'industrie minérale qui y fut jadis si développée, mais dont des temps de barbarie ont effacé jusqu'au souvenir.

Jusqu'à ces derniers temps, le fer oxidé n'avait été trouvé en Auvergne en masses considérables qu'à l'état de fer oxidé hydraté.

Tels les gisements du canton de Bourg-Lastic, naguère exploités pour le haut fourneau du Chavanon, et maintenant abandonnés en raison de leur nature phosphoreuse et de leur pauvreté.

Tels les dépôts de fer hydraté oxidé du canton de Saint-Germain-Lembron, passé

rement exploités, il y a quelques années, par MM. Riant, de Fins, pour alimentation de hauts fourneaux dans l'Allier.

Tel encore un gisement voisin de Pleaux, arrondissement de Mauriac (Cantal), qui pourrait devenir (sa richesse en fer étant, d'après mes essais, de 53, 0/0) la base d'un établissement métallurgique, si les circonstances d'exploitation sont d'ailleurs favorables. Il paraîtrait qu'on y aurait déjà songé dès 1788, à en juger par ces deux lignes de Legrand d'Aussy : « Quand j'ai passé près » Mauriac, on parlait d'ouvrir une mine de » fer à Pleaux, et les travaux, disait-on, « étaient sur le point de commencer. »

Mais tous ces gisements sont de fer oxidé hydraté; les échantillons de fer oligiste que j'ai à mettre sous vos yeux, présentent donc l'intérêt qui s'attache à la rareté et à la nouveauté, s'ils n'en offrent pas d'autre.

Ces échantillons me furent adressés, il y a peu de temps, de Brioude, comme minerai de mercure; et en effet ils ont jusqu'à un certain point l'apparence trompeuse et la grande pesanteur du cinabre (sulfure de mercure).

Déjà, à plusieurs reprises, j'avais entendu parler à Brioude de ce minerai précieux, et même dans un dernier voyage, je pus ouïr le récit d'une guérison merveilleuse due à son emploi par friction, guérison naturellement attribuée à sa nature mercurienne. Malheureusement pour le possesseur du gîte, et heureusement peut-être pour le malade qui a subi le traitement, il n'en est rien, et le prétendu cinabre n'est que du fer oligiste (fer oligiste ocreux des minéralogistes) d'une extrême pureté; car l'analyse m'a donné pour sa composition.

Oxide de fer.	9,02
Argile.	0,90
Eau et perte.	0,08

D'où rendement à la fonte, 63 pour cent de fer.

Si ce minerai était abondant, et je dois visiter incessamment les lieux, ce serait encore une trouvaille des plus importantes, étant merveilleusement placé dans la commune d'Azerat, presque sur le bord de l'Allier, pour être transporté par eau jusqu'à Brassac, dont les houilles trouveraient, dans l'érection d'usines à fer, un nouveau et important débouché.

A défaut de cet avenir grandiose, qui peut-être n'est pas réservé au fer oligiste d'Azerat, il est un emploi plus humble auquel il semble ne pouvoir échapper, son emploi pour la fabrication de crayons rouges. M. Lecoq, auquel je fis part de ces échantillons, a confectionné, en liant la pâte avec un peu de gomme, des crayons que vous pouvez essayer, et qu'il assure réunir toutes les qualités désirables, ayant une couleur d'un rouge violet agréable, une taille fine, un trait luisant et doux, et néanmoins offrant assez de résistance pour se laisser monter en bois comme la plombagine.

Manganèse. Je ne sache pas qu'on ait encore signalé de manganèse oxidée dans le Puy-de-Dôme; c'est cependant à cette espèce minérale que se rapporterait un échantillon presque microscopique, remis au laboratoire comme provenant du canton de Pontaumur; malheureusement je n'ai de renseignements exacts, ni sur la position précise, ni sur l'importance du gisement; et d'ailleurs, le donateur, habitant dudit canton de Pontaumur, a jusqu'ici mis une telle discrétion, une telle retenue dans ses envois d'échantillons le plus souvent dénaturés, que je crains d'en avoir déjà trop dit.

Substances minérales non métallifères.

Des recherches docimastiques auxquelles a donné lieu cette classe de substances, je n'extrairai que,

1°. L'analyse de deux calcaires du puy de Mur et de Gergovia;

2°. Une série d'essais faits sur l'emploi des ponces d'Auvergne, comme fondant dans la fabrication du verre de bouteille et du verre blanc.

Les deux échantillons calcaires du puy de Mur et de Gergovia avaient été recueillis dans la présomption qu'ils donneraient des chaux hydrauliques. Calcaire magnésien.

Contrairement à cette présomption, en immergeant ces calcaires calcinés, on n'a observé ni prise ni extinction. En un mot, leur calcination n'a point donné de chaux, c'est pour me rendre compte de ce fait que j'ai procédé à leur analyse complète.

Les résultats en ont été :

Calcaire de Puy de Mur :		Calcaire de Gergovia :	
Eau et acide carbonique	0,43	Eau et acide carbonique	0,39
Argile et fer	0,15	Argile et fer	0,19
Chaux.	0,27	Chaux	0,20
Magnésie	0,15	Magnésie	0,22
Pertes de l'analyse . . .	0,02		
	1,00		1,00

L'énorme proportion de magnésie trouvée par l'analyse explique pourquoi ces calcaires ne donnent point de chaux par la cuisson, et il est remarquable que, dans le calcaire de Gergovia, la proportion de magnésie est plus forte que dans la dolomie même, ou carbonate double de chaux et magnésie à proportions atomiques.

Cette composition magnésienne des calcaires du puy de Mur et Gergovia, laquelle doit leur être commune avec une portion notable de nos couches calcaires tertiaires, m'a paru mériter d'être consignée, en ce que, indépendamment du nouveau jour qu'elle jette sur la nature des eaux qui déposèrent, avant la venue de l'homme, le sol aujourd'hui foulé par l'habitant de la Limagne, elle rend compte des cas de dolomisation que présentent ces mêmes calcaires au contact des roches volcaniques, sans qu'il soit nécessaire d'invoquer, comme on l'a fait notamment pour Gergovia, de prétendues sublimations de magnésie à l'époque volcanique.

Verreries de Megecoste.

Je termine enfin par les essais de ponces employées comme fondant dans la fabrication de verre ; ces essais ont été déjà réalisés en grand, et je m'estime heureux d'avoir à mettre sous vos yeux des produits échantillons de la verrerie de Megecoste, près Brassac, la première en Auvergne qui ait employé des roches volcaniques comme matière de fabrication.

A plusieurs époques déjà, le bassin houiller

de Brassac a vu s'élever des verreries à bouteilles.

On voit encore dans Brassac même les traces d'une première verrerie qui fut élevée en 1737, ruina une première compagnie de 1737 à 1742, et n'enrichit pas, à ce qu'il paraîtrait, la seconde, puisque, après dix ans d'activité, l'entreprise fut par elle totalement abandonnée en 1752.

Cette verrerie, raconte Legrand, fut discréditée dès son début; les bouteilles se trouvèrent d'un verre bleu, et toutes furent d'une si mauvaise qualité, que le vin qu'on y mit s'y gâta. En vain la fabrication fut améliorée les années suivantes, l'établissement ne put se relever du discrédit dans lequel il était tombé.

Il est très-probable qu'il faut attribuer le non succès des verreries de 1737 à l'emploi hors de mesure des sables de l'Allier, sables très-ferrugineux et alumineux, dont les avantages, le coût minime vu la proximité, et la grande fusibilité due à la forte proportion de fer, sont chèrement achetés par la noire coloration des bouteilles et leur facile altération par les agents chimiques, et même par le tartre du vin.

En 1813, une nouvelle verrerie s'élève

dans le même bassin, sur les mines de la Combelle; l'art du verrier avait fait des progrès, et l'établissement était dirigé par un industriel aussi éclairé qu'actif. Par un choix et un mélange mieux entendus des matières premières, les défauts reprochés à l'ancienne verrerie furent sinon totalement effacés, du moins grandement atténués; aussi la verrerie de la Combelle marcha-t-elle avec succès, et réalisa-t-elle de considérables bénéfices, de 1813 jusqu'en 1829, époque à laquelle la baisse extrême survenue dans le prix des bouteilles, par suite de la production énorme des verreries de Rive-de-Gier, favorisées d'ailleurs, il faut le dire, par une certaine supériorité de qualité, détermina le propriétaire à suspendre ses travaux.

D'après ces précédents, et le bas prix des bouteilles demeurant stationnaire, de nouvelles verreries dans le même bassin ne pouvaient avoir de chances de succès, qu'à la condition de fabriquer aussi beau que Rive-de-Gier, et à aussi bas prix.

C'est ce qu'a osé entreprendre M. Goullard, exploitant des mines de houille de Megecoste.

Il avait pour lui la position et le combustible: Megecoste n'est qu'à 1,200 mètres de l'Allier, et un chemin de fer réduit à rien cette courte distance ; et quant au combustible, les couches de houille de Megecoste, les plus récentes en formation du dépôt houiller, sont les plus bitumineuses du bassin, les plus propres aux grands foyers, aux verreries notamment.

Mais restait l'importante question des mélanges. A cet égard, les actives recherches de M. Goullard avaient, dès le printemps 1835, mis à nu, dans un court rayon autour de l'usine projetée, des calcaires d'une assez grande pureté, des sables blancs et des argiles réfractaires ; mais une découverte à laquelle il attachait avec raison une grande importance, et pour laquelle il m'avait daigné consulter, celle de quelque filon feldspathique à portée de lui, qu'il pût exploiter et employer comme fondant, restait encore à faire, lorsque le souvenir me vint du considérable dépôt de sable ponceux qui s'étend en nappe continue sous les plateaux de Pardines, Perrier, Broc, Bergonne et autres, à l'ouest d'Issoire, et semble régner sur tout le pourtour du bassin d'Issoire; car on l'a retrouvé, à Auzat-sur-Allier et près d'Yronde, les deux extrémités nord et sud de ce bassin.

La ponce a sensiblement la même compo

sition que le feldspath. Une analyse de M. Berthier lui assigne la composition suivante :

Silice	70
Alumine	16
Potasse	6,50
Chaux.	2,50
Oxide de fer	0,50

Comme fondant, la ponce contenant 6,50 p. 0/0 d'alcali, devait être aussi énergique que le feldspath ; elle devait d'ailleurs présenter sur le feldspath en roche l'immense avantage d'une exploitation bien plus facile, et d'une pulvérisation tout effectuée.

Quant à la coloration, étant sur nombre de points d'une blancheur parfaite, son emploi devenait possible, même pour la fabrication des verres blancs, tandis que l'intense coloration en noir des roches basaltiques les excluait complétement, malgré le conseil de leur emploi, donné par divers auteurs.

Partant, il me sembla que les sables ponceux d'Issoire étaient éminemment propres à réaliser les économies de fondant que se proposait de faire M. Goullard par l'emploi du feldspath. Je lui communiquai en conséquence ces idées, lui indiquai le gîte à explorer, et l'engageai à venir faire au laboratoire de Clermont une série d'essais pour en constater le mérite comme fondant, et étudier en même temps tous les matériaux à portée de l'usine projetée.

Ces essais ont été faits au laboratoire, et n'ont point permis de doute sur l'avantageux emploi des ponces comme fondant, en même temps qu'ils ont servi de guide pour les proportions les plus convenables à employer de ponce, de calcaire et de sables divers.

En janvier 1836, la verrerie a été mise en feu; sa marche a dès l'abord été entravée par de graves difficultés, résultant du défaut d'approvisionnements, de la mauvaise fabrication des pots, et des tâtonnements qu'entraîne toujours une innovation industrielle; mais ces difficultés sont vaincues, et vous pouvez juger par vous-mêmes de la beauté des échantillons que m'a récemment fait parvenir M. Goullard, avec une bouteille de Rive-de-Gier, et une bouteille de l'ancienne verrerie de la Combelle, comme termes de comparaison.

Si le fait annoncé par Chaptal, de l'extrême résistance des bouteilles fabriquées avec des substances volcaniques (et l'on doit faire des essais à cet égard), se vérifiait complétement, les bouteilles de Megecoste, indépendamment des qualités que vous pouvez apprécier, se trouveraient posséder une proprié-

à elles exclusive, qui constituerait en faveur de l'Auvergne un véritable et immense monopole, car nous possédons les seuls gisements de ponces qui existent en France.

Mais, à défaut même de cette résistance extraordinaire, la beauté des bouteilles de Megecoste, leur inaltérabilité par les agents chimiques, suffisent pour les placer au premier rang parmi toutes celles répandues dans le commerce.

Un premier four à 10 pots, pouvant fabriquer près d'un million de bouteilles par an, est en pleine activité ; un second est en construction, et là ne doit point se borner l'industrie verrière du bassin de Brassac ; car elle élève ses prétentions jusqu'à refouler vers l'Ouest et le Sud les produits de Rive-de-Gier, et desservir exclusivement toute la ligne de l'Allier, de la Loire et canaux aboutissants.

CLERMONT, IMPRIMERIE DE THIBAUD LANDRIOT.

www.ingramcontent.com/pod-product-compliance
Ingram Content Group UK Ltd.
Pitfield, Milton Keynes, MK11 3LW, UK
UKHW021955260726
13994UKWH00004B/1756

9 782329 455136